LA CRISE AGRICOLE

NÉCESSITÉ ET MOYENS

DE PROCURER DE L'EAU A L'AGRICULTURE

LA CRISE MONÉTAIRE

MOYENS DE LA CONJURER

CONFÉRENCE

FAITE LE 10 MARS 1895, A L'INSTITUT POPULAIRE DU PROGRÈS

Au Trocadéro

PAR THÉODORE TIFFEREAU, CHIMISTE

PRIX : **1 fr. 50**

CHEZ L'AUTEUR

130, rue du Théâtre, Paris-Grenelle

1895

LA CRISE AGRICOLE

NÉCESSITÉ ET MOYENS

DE PROCURER DE L'EAU A L'AGRICULTURE

LA CRISE MONÉTAIRE

MOYENS DE LA CONJURER

CONFÉRENCE

FAITE LE 10 MARS 1895, A L'INSTITUT POPULAIRE DU PROGRÈS

Au Trocadéro

Par Théodore TIFFEREAU, Chimiste

PRIX : **1 fr. 50**

CHEZ L'AUTEUR

130, rue du Théâtre, Paris-Grenelle

1895

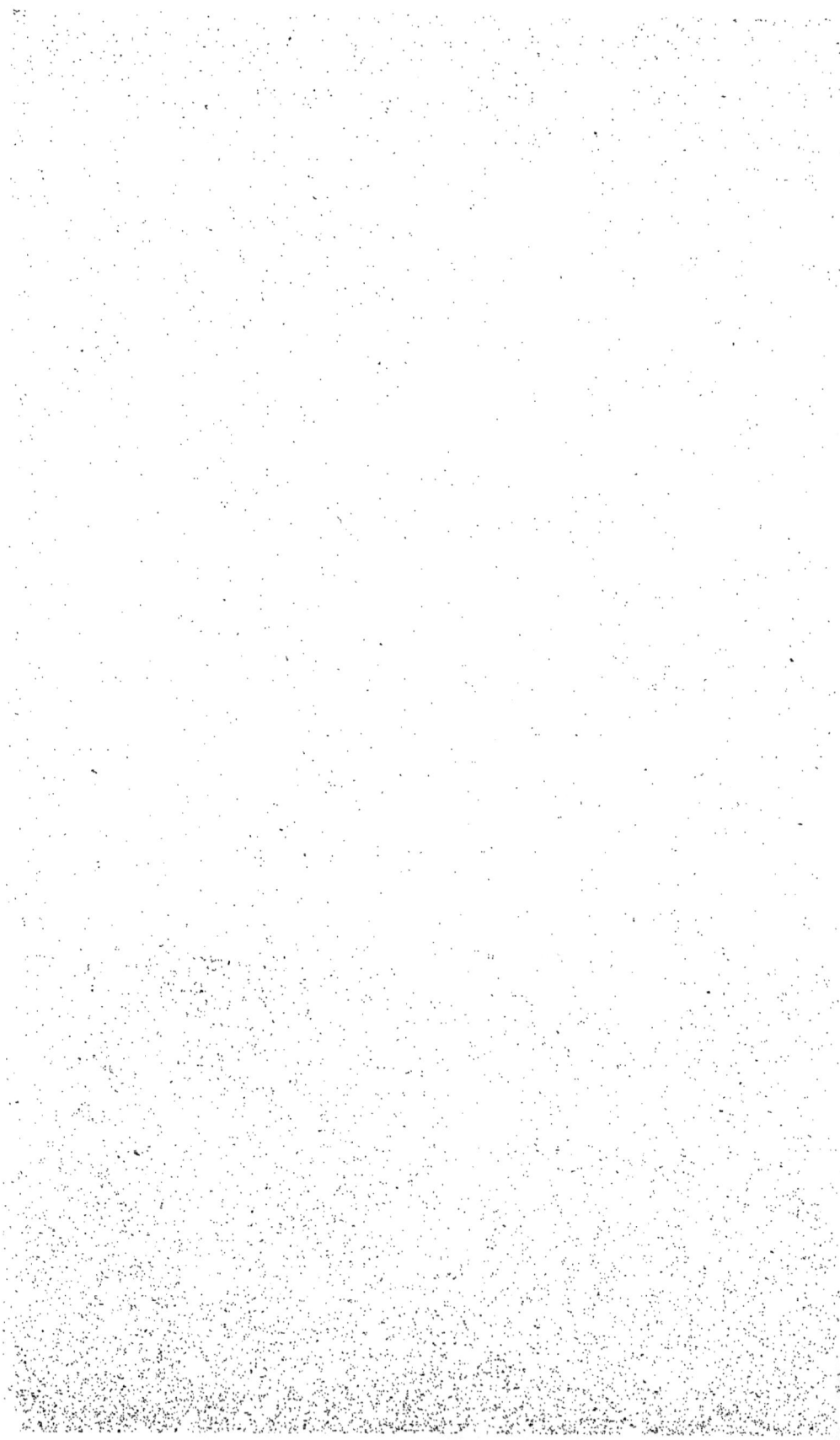

CONFÉRENCE

LA CRISE AGRICOLE

ET LA

CRISE MONÉTAIRE

————

MESDAMES ET MESSIEURS,

Nulle autre salle ne pouvait convenir mieux que cette salle-ci à une conférence sur l'agriculture.

Vous voyez en effet les magnifiques produits obtenus par M. Georges Deville au moyen de l'emploi rationnel des engrais. Or, ces produits me rappellent deux faits personnels qui sont restés profondément gravés dans ma mémoire et qui m'ont pour ainsi dire fourni le sujet de ma conférence.

Vers 1830, mon père, qui était agriculteur et faisait le commerce de grains, éprouva de grandes pertes à la suite d'une baisse considérable dans la valeur du blé, baisse dont la dépréciation actuelle de cette céréale peut donner une idée.

La crise fut si accentuée que nombre de maisons firent faillite. Mon père crut pouvoir se relever de ses pertes par un effort suprême: il ensemença en colza environ 20 hectares de terres vierges et il réussit si bien que l'on venait de fort loin, même de La Rochelle, contempler ses colzas en fleur, dont la hauteur atteignait jusqu'à deux mètres et demi. Ce qui attirait aussi les curieux, c'étaient de splendides betteraves obtenus sur un champ où avaient parqué pendant plusieurs années 5 à 600 moutons. Ces racines étaient tellement développées qu'elles sortaient aux deux tiers de terre et tellement pesantes que je pouvais à peine les soulever, quoi que j'eusse déjà une douzaine d'années. Encore aujourd'hui j'ai l'esprit comme hanté des innombrables papillons qui butinaient les colzas en fleur. et je me reporte volontiers au temps où les betteraves étaient trop lourdes pour mes jeunes bras.

Mais les années suivantes, soit à cause des ravages des insectes, soit surtout à cause du manque de pluie en temps propice, les récoltes de colza furent des plus mauvaises. Sur ces entrefaites qui portèrent la gêne dans ma famille, je finis mes études à l'Ecole professionnelle de Nantes, où je devins préparateur de physique et de chimie.

Quelques années après, en 1842, je m'embarquai à Bordeaux pour le Mexique. Lors de mes excursions dans ce pays, je me souviens que, vers 1845 je fis un jour halte, sur les bords d'un lac artificiel, créé par les soins des indigènes, dans une région auparavant stérile, m'assurait-on. C'est ce que j'avais peine à croire, à la vue des magnifiques champs de maïs qui s'étendaient à perte de vue.

A cette occasion, je ne pus m'empêcher de constater que des populations à demi sauvages étaient beaucoup plus avancées en hydraulique agricole que mes propres compatriotes, dont les prétentions à une haute civilisation étaient pourtant fortement accusées. En effet, mon père avait éprouvé, faute d'eau, de grandes pertes dans une région relativement fertile, et des Indiens primitifs avaient su, en aménageant l'eau, faire d'une sorte de désert un véritable jardin.

C'est précisément de ces deux faits corrélatifs que je me propose de vous entretenir. Je m'efforcerai de vous démontrer qu'il ne nous est pas difficile de remédier, par un peu de prévoyance, aux pertes considérables que des sécheresses trop fréquentes nous causent en récoltes et en animaux domestiques.

Dans la conférence que j'ai eu l'honneur de faire, le 3 Juin de l'année dernière, sur la Crise Agricole et les moyens de la conjurer, j'ai parlé des causes du dépérissement continuel de notre agriculture. Malgré toutes les connaissances acquises dans l'art de cultiver la terre, et d'approprier les engrais aux diverses plantes, malgré l'augmentation sensible des rendements, le malaise persiste et ne fait que s'accroître : cela tient à

ce que nous travaillons un peu trop en aveugles,
sans nous rendre suffisamment compte de l'importance de l'eau ; car souvent, faute de cet
indispensable élément, nous dépensons beaucoup
en pure perte et nous en sommes pour notre peine.
Nous produisons peu, nos récoltes sont toujours
insuffisantes, et nous sommes obligés d'avoir recours à l'Etranger pour nous fournir les blés, les
bestiaux et d'autres produits nécessaires ; cette
nécessité est vraiment attristante, alors que nous
pourrions largement nous suffire. C'est ce que je
vais essayer de vous prouver.

J'ai dit, dans ma dernière conférence, qu'il
nous faut de l'eau en abondance, même en excès,
et qu'à cette condition seule, nous ne risque-
rons plus d'être exposés aux malheurs qui nous
ont éprouvés pendant trois années consécutives.
J'ai dit que l'eau est indispensable aux végétaux comme le lait à l'enfant qui vient de naître :
sans eau, point de végétation. Les végétaux sont
plus favorisés que nous en ce sens qu'une plante
peut vivre seulement avec de l'eau, de l'air et du
soleil, qu'elle arrive ainsi à sa maturité et à sa
reproduction. Nous, au contraire, nous avons
besoin d'autres éléments pour vivre.

Lorsque l'eau ne vient point au moment voulu,
par exemple au moment des semailles, une grande
partie des semences ne germe pas et est dévorée
par les insectes ou les oiseaux : de là résulte un

premier déficit qui s'accentue encore si la sécheresse persiste jusqu'à la maturité.

Et cependant, ces pertes successives qui décou-
ragent tant les agriculteurs, nous pouvons les
éviter, en prenant quelques précautions ayant
pour but de prévenir le mal à sa source même.

En attendant d'indiquer ces moyens, donnons
des exemples de l'influence prépondérante de l'eau
sur la végétation. Au Mexique, dans ce pays sujet
à de fréquents tremblements de terre, il arrive
parfois que le sol est bouleversé au point de changer le cours des rivières et de le diriger à travers
des déserts privés de toute végétation. Dès que
l'eau arrive dans ces solitudes, la végétation y
apparaît sous ces différentes formes ; les herbes,
les arbres, toutes sortes de plantes, en un mot,
s'y developpent à l'envi. Grâce à l'atmosphère
chaude et humide du pays, les semences apportées
par les vents germent, jonchent la terre de leurs
feuilles et de leurs débris, forment un humus des
plus riches et finissent par créer des savanes et
des forêts dans des solitudes précédemment sté-
riles.

Un autre exemple des effets de l'eau, ce sont les
oasis qu'on rencontre au milieu des grands déserts
d'Afrique et d'Asie et qui contrastent par leur
abondance de végétation avec la stérilité des sables
d'alentour.

Sans aller si loin, nous avons ici, sous nos yeux,
un curieux exemple de l'importance de l'eau. Aux

devantures de vos boutiques vous voyez des vases
de toutes formes revêtus de verdure. Là-dessus,
poussent, sans terre, des herbes diverses qui ne
tirent leur nourriture que de l'air et de l'eau. Ces
vases en terre poreuse laissent suinter, à travers
leurs parois, l'eau nécessaire à la nourriture et au
développement des plantes.

Comme vous le voyez, la terre n'est parfois qu'un
accessoire secondaire de la végétation ; ne sert
guère que de soutien à la plante et lui permet de
s'élever verticalement pour aller respirer l'air et le
soleil : certaines expériences l'ont prouvé, entre
autre celles par lesquelles on fait pousser du blé
dans du verre pilé. Mais, dans toutes ces expériences, il faut toujours satisfaire aux deux conditions indispensables de chaleur et d'humidité, car
si, à la rigueur, une plante peut pousser sans terre
végétale, elle a absolument besoin de soleil et d'eau.

Reconnaissons toutefois que si la plante repose
sur un milieu qui ne lui fournit pas les minéraux
indispensables à son développement, elle reste
malingre et ne parvient à fructifier que lorsque les
circonstances lui sont favorables.

Cette réserve faite, il faut bien admettre que l'eau
reste l'élément dont le défaut se fait le plus absolument sentir à la plante, puisque le soleil luit
toujours peu ou prou, que la terre est toujours
plus ou moins pourvue de sels minéraux, au lieu
que l'eau peut manquer au moins pendant une
saison, comme on l'a trop souvent vu.

L'eau seule, avec l'air et le soleil, suffit pour la germination et le développement d'une graine. Mais à quoi sont dues les transformations successives subies par la plante? Elles sont dues à des ferments qui existent dans l'air et qui, mis au contact de l'eau, se développent en abondance pour effectuer toutes ces métamorphoses que nous observons sans nous en rendre un compte exact. Les savants ont constaté que l'acide nitrique est, dans]e sol, le plus puissant des engrais connus, que les plantes en sont très friandes et l'absorbent avec avidité.

Le ferment qui produit l'acide nitrique ne peut agir que dans certaines conditions de température et d'humidité; il perd ses facultés par la sécheresse qui, en se prolongeant, fait littéralement mourir les plantes. Il faut donc de l'eau pour entretenir l'action du ferment de l'acide nitrique, et, par conséquent, pour assurer le développement régulier des plantes.

Mais il est d'autres ferments que ceux de l'acide nitreux et de l'acide nitrique; il y a aussi les ferments qui aident à l'assimilation des quatorze éléments retrouvés dans l'analyse de n'importe quelle plante.

On dit qu'il faut rendre à la terre par les engrais ce que la culture lui enlève; sans cette précaution, le sol serait vite épuisé. Malheureusement, les engrais sont coûteux et, de plus, ils peuvent nous manquer d'un moment à l'autre.

Examinons si nous ne pourrions pas, dans une certaine mesure, reproduire ces engrais directement, au moment où nous en avons besoin et en nous servant des substances gratuitement fournies par la nature. Nous avons : 1° l'eau ; 2° l'air ; 3° le soleil.

1° L'eau nous est donnée en abondance ; nous pouvons disposer à notre gré de ce liquide qui est composé d'oxygène et d'hydrogène ;

2° L'air atmosphérique, qui est indispensable à tous les êtres, est composé d'azote, d'oxygène, d'acide carbonique et de différents autres corps en très minime quantité, plus des germes microbiens de toutes sortes qui sont entraînés par les pluies sur la terre. Ces germes, mis en présence de l'eau, se développent et se multiplient en quantité incalculable ; ils ont une puissance d'action infinie, comme nous pouvons en juger par les effets qu'ils produisent dans la nature. Nous serions portés à dire que tout, dans le monde des êtres, dépend des ferments ;

3° Le soleil qui nous éclaire, source de chaleur, d'électricité et de magnétisme, nous est aussi indispensable.

Est-ce qu'avec ces différents éléments composés nous ne pourrions pas arriver à produire, en grande partie, les engrais dont nous avons besoin pour nos cultures ? Je crois que nous pouvons y arriver en grande partie au moyen de certains microbes, notamment de ceux qui ont le pouvoir de transformer l'azote en ammoniaque, en acide nitreux et en acide nitrique, et de composer ainsi un engrais par excellence. Nous pouvons faire des cultures de ces précieux microbes et les introduire dans les terres suffisamment pouvues d'eau, afin que, dans ce milieu qui leur est propice, ils effectuent leur travail de nitrification.

De même que nous avons trouvé le microbe de l'acide nitrique, il nous est permis de trouver le microbe de l'acide phosphorique, ainsi que le ferait supposer l'expérience qu'a faite un directeur de station agronomique, qui a constaté que du blé semé dans un sable stérile des Landes produit des grains assez abondants en phosphate, alors que ni l'air, ni le sol en question ne contiennent pas de traces d'acide phosphorique ; il attribue cette production d'acide phosphorique à une sorte de transformation que subirait l'acide silicique du sol.

Je crois qu'il vaudrait mieux attribuer cette production du phosphore à l'action vitale des microbes sur l'azote et sur l'eau, décomposée en ses éléments, action qui est particulièrement secondée par l'influence solaire. Ce qui me fait attribuer ce rôle à l'azote, c'est que l'azote et le phosphore sont, en raison même de leurs propriétés analogues, rangés par les chimistes dans la même classe.

Pour moi, il n'y aurait rien de surprenant que les phosphates qu'on rencontre dans certaines contrées fussent dus à des microbes au même titre que les nitrates des nitrières artificielles.

On a fait, sur le fer, une expérience analogue à celle faite sur le phosphore : on a cultivé des plantes dans un milieu absolument privé de fer, ce qui n'a pas empêché de trouver ce métal dans les tissus des plantes parvenues à maturité. Pour ma part, j'attribue cette production à l'action d'un microbe quelconque sur l'oxygène de l'air ou de l'eau.

Dans ce même ordre d'idées, nous serions portés à admettre que tous les autres éléments dont sont constituées les plantes, peuvent être formés par des microbes particuliers à chacun de ces corps, microbes agissant, sous les influences solaires, sur les corps que nous connaissons.

Voilà des expériences intéressantes au plus haut degré, car si nous venons à reconnaître que l'acide phosphorique est l'œuvre d'un microbe, nous aurons mis la main sur la source du principal engrais employé dans nos cultures.

L'eau étant le bouillon de culture de ces précieux ferments, nous devons commencer par avoir toujours ce liquide à discrétion, afin de pouvoir le mettre à la disposition des travailleurs infatigables qui nous composent le pain de chaque jour.

Outre les arguments déjà cités à l'appui de l'importance de l'eau, la *Semaine Agricole* du 27 janvier 1895, m'en fournit de nouveaux. Elle porte à notre connaissance les résultats d'expériences faites par M. King, à la Station agronomique de Visconsin (Etats-Unis), sur les quantités d'eau consommées pendant la durée de la végétation, avec les poids de récoltes obtenus pour les espèces agricoles suivantes : orge, avoine, seigle, maïs, trèfle.

Le tableau dans lequel sont résumés ces résultats de trois années d'expériences, indique les quantités d'eau nécessaires à chacune des plantes expérimentées pour produire un kilogramme de substance sèche ; il met en outre en évidence, de la façon la plus frappante, l'influence tout à fait prépondérante de l'eau, toutes les conditions autres étant identiques, sur la production végétale. On y voit que les cylindres d'expériences renfermant les cultures analogues à celles du champ voisin ont reçu en moyenne deux fois et un tiers autant d'eau d'arrosage que la pluie en a fourni en même temps aux champs témoins, et qu'ils ont produit deux fois et un tiers autant de matières sèches, c'est-à-dire de récoltes, que ces mêmes champs.

La récolte obtenue est donc sensiblement proportionnelle à la quantité d'eau consommée.

M. Grandeau, dans sa dernière Revue agronomique du *Temps*, a montré par des calculs que, pour l'année 1893, le déficit causé par la sécheresse aux récoltes d'orge et d'avoine a été exactement proportionnel à la quantité d'eau tombée en moins dans le cours de cette année. En outre, ses calculs théoriques sont tout à fait conformes aux expériences pratiques effectuées par M. King.

Ces deux savants confirment d'une manière concluante la justesse de mes appréciations sur le rôle de l'eau dans la végétation.

Pour être logiques dans nos travaux d'agriculture, nous devons, de toute nécessité, commencer par nous procurer de l'eau, si nous voulons travailler avec sécurité et ne pas nous exposer à voir tout notre travail perdu faute de cette précaution.

Il faut, par conséquent, changer notre manière de procéder et ne plus nous borner à attendre l'eau quand la pluie veut bien nous la donner : il faut nous arranger de manière à en avoir toujours à notre disposition.

Mesdames et Messieurs, du moment que nous aurons de l'eau en abondance et que nous saurons l'employer judicieusement, nous pourrons obtenir des récoltes suffisant largement à tous nos besoins, nous pourrons même en exporter une partie, au lieu d'être forcés, comme aujourd'hui, de demander à l'étranger ce qui manque à notre consommation.

Nous avons tout ce qui est nécessaire pour réussir dans cette tâche du relèvement de l'agriculture. Les sciences pratiques nous fournissent déjà des données certaines qui nous mettent en état d'agir à coup sûr.

Des moyens à employer pour nous procurer l'eau au plus bas prix possible.

Il nous reste maintenant à chercher les meilleurs moyens pour nous procurer au plus bas prix possible l'eau dont nous avons besoin.

Trouver ces moyens n'est pas aussi difficile
qu'on pourrait se le figurer. Il dépend de nous d'y
réussir sans avoir recours aux gouvernants qui,
étant trop souvent à court pour joindre les deux
bouts du budget, sont encore plus souvent dans
l'impossibilité de tenir les promesses qu'ils sont
forcés de faire à leurs électeurs. Nous devons
commencer par nous unir pour nous assurer de
l'eau en abondance ; nous n'en aurons jamais trop,
attendu que ce liquide, loin de perdre de sa valeur
en vieillissant, devient au contraire plus fertilisant
et peut toujours se vendre au besoin. L'eau est, en
effet, une marchandise qui est toujours indispensable à l'alimentation des plantes et dont les agriculteurs seraient trop heureux de pouvoir faire
emplette en temps de sécheresse, en ce temps où
sa rareté ou bien son absence complète compromet
irrémédiablement les récoltes.

Aménager l'eau dans de vastes réservoirs d'où
on la laisserait couler au moment requis, consti-
tuerait une opération fort lucrative et tout à fait
exempte des aléas auxquels sont soumis les cons-
tructions des maisons dans les villes.

Personne n'ignore les ennuis des propriétaires
tenus d'entretenir leurs immeubles, même quand
ils sont inoccupés, afin d'en prévenir la ruine ; il
n'est personne non plus qui ne comprenne les
avantages assurés aux capitaux affectés à l'établissement de réservoirs, dont l'eau serait placée très
fructueusement pendant la moitié de l'année.

L'utilité des réservoirs étant indiscutable, reste à s'occuper de la manière de les créer. On comprendra qu'ils doivent être établis dans les propriétés longeant les fleuves, les rivières, les petits cours d'eau ou dans les propriétés qui en sont peu éloignées, parce que dans ces conditions particulières, l'eau est gratuitement fournie et ne nécessite que quelques légers frais de canalisation.

Le gouvernement ne ferait pas obstacle à des prises d'eau qui ne s'effectueraient que dans la saison pluvieuse, c'est-à-dire au moment ou l'eau est en excès, provoque des débordements ou s'écoule à la mer sans profit; il favoriserait plutôt des entreprises liées si évidemment au relèvement de l'agriculture et au bien-être général.

Dans les régions montagneuses, le mode indiqué pour l'établissement des réservoirs serait les barrages construits dans les lieux où les vallées se resserrent et s'étranglent. L'élévation du niveau permettrait l'écoulement fructueux au moyen de rigoles à pente insensible.

Dans les endroits plats, on profiterait des dépressions de terrain où l'on amènerait l'eau de réserve. En temps de sécheresse, ce qu'il importe avant tout, c'est d'avoir de l'eau, fût-elle à un niveau inférieur. La manière d'élever l'eau économiquement sera traité plus loin.

Il est des cas, comme dans les marais de la Vendée, par exemple, où l'on creuserait ces réservoirs en ayant soin de rejeter sur les bords la terre glaise, qui formerait une sorte de levée augmentant la capacité utilisable de la dépression. Pour y élever le niveau de l'eau, on userait d'appareils fort simples mus par les animaux dans la saison où ils ne sont pas employés aux travaux des champs.

Il est entendu que, dans les terrains poreux, les côtés des réservoirs seraient construits en maçonnerie, et que le fond en serait constitué par une couche de terre glaise.

Il est, en France, plusieurs lacs creusés comme à dessein par la nature, mais qui, par suite de notre ignorance, sont plutôt nuisibles qu'utiles, tandis qu'ils pourraient nous rendre les plus grands services. Ainsi, autour du lac de Grandlieu, vit une population misérable qui deviendrait rapidement prospère si elle savait utiliser des eaux restées sans emploi.

Au lieu de dessécher ce lac et d'en faire écouler l'eau à la mer en pure perte, comme on en a souvent parlé, il faudrait ménager sur plusieurs points de son pourtour des réservoirs suffisamment élevés, d'où s'écoulerait l'eau nécessaire aux irrigations des prairies et aux besoins des fermes. En peu de temps, on verrait une prospérité réelle succéder à la misère particulière à cette région.

Ce qui prouve que nous ne nous faisons pas illusion en concevant de telles espérances de l'emploi rationnel de l'eau, c'est ce que nous voyons se produire sous nos yeux, dans la banlieue et dans Paris,

où, avec l'eau qu'ils se procurent à haut prix, les maraîchers font rendre à d'étroits espaces de terre des quantités considérables de fruits et de légumes. Lorsque, avec beaucoup d'eau chèrement payée et quelques engrais sagement appliqués, ces industrieux jardiniers font d'assez brillantes affaires, il est permis d'espérer que les cultivateurs des alentours du lac de Grandlieu ne seraient pas moins heureux si on mettait à peu près gratuitement à leur disposition de l'eau qui leur donnerait en abondance du foin, des fourrages et autres récoltes constituant la nourriture de nombreux bestiaux.

Les réservoirs seraient munis de vannes qui règleraient l'écoulement de l'eau dans des conduits dirigés sur les terrains à irriguer. La surveillance dont ces vannes seraient l'objet, permettrait de donner aux cultures la quantité d'eau voulue. Ces conduits seraient constitués, suivant les cas, par de simples rigoles à jour ou par un tuyautage à couvert. Les Indiens de la Sonora eux-mêmes savent parfaitement amener l'eau par dessus des ravins, en soutenant les conduits sur des charpentes rudimentaires. Ce qu'ils font, pourquoi ne le ferions-nous pas, nous qui disposons des mille ressources de la science et de l'industrie ?

Il est certain que dans les cas où les simples rigoles devraient être remplacées par des conduits en terre, en fonte, ou bien par des tuyaux en toile imperméabilisée, la dépense première serait assez élevée ; mais cette difficulté ne devrait pas faire reculer les cultivateurs désireux de s'assurer contre la sécheresse et d'augmenter sérieusement leurs rendements.

Il en est de ce perfectionnement comme de tous les autres : on ne pourra s'en procurer les bénéfices que moyennant certains sacrifices dont le remboursement sera couvert au centuple. Qui veut la fin doit vouloir les moyens.

Il n'est pas inutile de faire remarquer que les grands propriétaires trouveraient leur avantage à construire, à proximité de leurs bâtiments ou bien sur les points culminants de leurs terres, de petits réservoirs qui faciliteraient les travaux intérieurs et les irrigations.

Drainage.

Après nous être occupé des moyens de recueillir l'eau indispensable à une bonne culture, il ne faut pas oublier que l'eau en excès n'est pas moins nuisible qu'une sécheresse prolongée. De là, la nécessité de recommander le drainage des terres naturellement humides, et l'emmagasinement des eaux, momentanément nuisibles, dans des endroits bas où elles ne sauraient nuire et où on serait sûr de la retrouver en cas de besoin.

Sur les terrains plats, les drains devront conduire les eaux dans des puisards profonds dont une barrière empêchera l'accès pour prévenir tout accident. Ces puisards seront vidés tous les ans pendant la belle saison, et aideront, au besoin, à l'irrigation des prairies. L'eau qui a ainsi lavé les terres supérieures s'est chargée de leurs principes fécondants et aussi d'une infinité de microbes bienfaisants qui entrent en jeu dès qu'ils sont mis de nouveau en contact avec la terre végétale.

Quant aux moyens d'élever l'eau de ces puisards et aussi l'eau des rivières propres à alimenter les réservoirs, ils méritent une mention particulière.

Moyens d'élever l'eau.

Dans une brochure publiée en 1854, j'indiquais déjà un nouveau procédé d'irrigation, applicable à la grande et à la moyenne industrie. J'y insistais sur la difficulté de se procurer un moteur économique.

Il est, en effet, une foule d'usages auxquels la vapeur ne peut s'appliquer, soit à cause du prix élevé des machines, soit à cause des frais de leur fonctionnement, soit enfin parce que leur emploi exige des connaissances au-dessus de la portée d'un grand nombre d'intéressés.

Les causes que je viens d'exposer placent l'agriculture parmi les industries qui ne peuvent utiliser, quant à présent, la force de la vapeur. Le travail des champs, par sa nature, n'admet pas l'emploi de machines à l'usage des autres industries; il lui faut des outils simples, à la fois peu coûteux et d'une grande puissance; il faut surtout que ces outils n'exigent pas de trop grandes réparations.

D'un autre côté, d'immenses terrains inondés sont enlevés à la culture, et leur dessèchement entraînerait des frais hors de toute proportion avec les bénéfices résultant de la mise en valeur.

Vivement préoccupé de cet état de choses, j'ai recherché des moyens économiques de pratiquer l'irrigation, le dessèchement et le drainage ; je me suis proposé de profiter, pour élever l'eau, de la force ascensionnelle, du plus léger des gaz, l'hydrogène. Je ne me suis pas dissimulé les difficultés d'application d'un pareil système ; mais j'espère les avoir heureusement surmontées ou, du moins, avoir trouvé et indiqué les moyens de les vaincre. L'expérience viendra plus tard apporter à mes procédés le dernier degré de perfectionnement qui doit en faciliter et en multiplier les applications.

Application des aérostats à l'élévation de l'eau.

L'appareil se compose essentiellement d'un aérostat muni de son filet, et suffisamment gonflé de gaz hydrogène ; la nacelle consiste en une sorte de plate-forme d'assez grandes dimensions ; au-dessous de la plate-forme est adapté un réservoir d'une capacité proportionnée à la force ascensionnelle du gaz. J'obtiens, au moyen de contre-poids convenablement disposés, l'équilibre de tout l'appareil, qui

fonctionne comme suit pour élever à une hauteur
donnée une masse d'eau d'un volume quelconque,
Sur le bord d'une rivière, d'un étang, d'un lac pou-
vant fournir l'eau en quantité suffisante ; on dispose
une charpente assez semblable à celles qui servent,
à Paris, à élever les pierres de taille d'une maison
en construction. Cette charpente forme une sorte
de cage d'ascenseur, à l'intérieur de laquelle peuvent monter et descendre la plate-forme et le réservoir suspendus au filet du ballon.

Supposons que le réservoir soit abaissé au-dessous du niveau de l'eau de la rivière. Dès qu'il sera
rempli automatiquement par l'ouverture d'une soupape ouvrant de bas en haut, le conducteur de
l'appareil détachera les crampons maintenant le
tout au plus bas de la course, et laissera agir la
force ascensionnelle du ballon, qui sera juste suffisante pour soulever le réservoir rempli d'eau jusqu'à la partie supérieure de la charpente. Le mou-
vement ascendant du ballon sera arrêté, par un
crampon, au moment où le réservoir sera parvenu
au plus haut de la course.

Alors, la soupape étant ouverte, le réservoir se
videra presque immédiatement dans un autre
réservoir formant entonnoir et communiquant avec
un tube prolongé jusqu'à la hauteur sur laquelle il
faut amener l'eau.

Le réservoir du ballon étant vide, des animaux,
bœufs, vaches, chevaux, dont le poids est un peu

supérieur à la force ascensionnelle du gaz du ballon et qui auront été amenés au niveau supérieur
de la charpente par une rampe ménagée à cet effet,
seront introduits sur la plate-forme et entraîneront
l'appareil en bas, dès que le crampon d'arrêt aura
été détaché. Pendant que le réservoir se remplira
d'eau, les animaux quitteront la plate-forme et
gagneront, par la rampe, la partie supérieure de la
charpente pour aider, par leur poids, à une nouvelle descente.

Des chiffres rendront plus sensibles les résultats
de ce système de déplacement de l'eau. Si on
emploi un ballon d'une capacité de 600 mètres
cubes, ce ballon, d'après les densités proportion-
nelles de l'air et du gaz hydrogène, pourra enlever
un poids de 780 kilogrammes, outre celui du gaz
et de l'appareil lui-même; un poids de 780 kilogrammes d'eau sera donc enlevé à chaque évolu-
tion; il est facile de faire au moins quatre évolutions
par heure, soit, pour une journée de travail de
12 heures, quarante-huit évolutions; 37,440 kilogrammes d'eau peuvent donc, en un jour, être élevés à la hauteur de 15 mètres et au-delà.

A part le prix d'acquisition du ballon, celui du
gaz pour le remplir et les frais de premier établissement, la dépense se réduit à la journée de deux
hommes et à celle de quelques jeunes animaux,
qui peuvent effectuer ce travail sans frais, en se
relayant pour qu'ils puissent se reposer.

Ces frais sont évidemment minimes en compa-

raison de ceux nécessités par les machines élévatoires actionnées par la vapeur.

Le ballon devant fonctionner à poste fixe sera,
au repos, ramené à la partie supérieure de la charpente où on ménagera une sorte de cage qui l'abri-
tera contre les intempéries. Quant à la déperdition
du gaz hydrogène, elle peut être prévenue presque
complètement au moyen des perfectionnements
successifs apportés dans la fabrique des soies.
Nous basons notre affirmation sur ce qu'a démon-
tré M. W. de Fonvielle, dans une conférence faite
à l'hôtel des Sociétés Savantes, le 26 janvier 1894.

Par cet emploi des ballons, nous pouvons donc
avoir toujours à notre disposition une force économique et constante qui nous permettra d'élever
l'eau à une vingtaine de mètres au-dessus des
niveaux des rivières ou des lacs, et qui mettra à la
disposition de l'agriculture un élément absolument
indispensable.

Outre que cette application des ballons est sus-
ceptible de multiples perfectionnements, il ne faut
pas oublier que les moulins à vent nous fournissent
un moyen précieux d'utiliser automatiquement la
force gratuite du vent pendant la nuit, comme pendant le jour ; ces appareils ont atteint, depuis quelques années, un degré de perfection qui en rend
l'usage très avantageux.

Tout ce que je viens de dire en envisageant
l'agriculture prise dans son ensemble s'applique
naturellement à la viticulture dont l'importance

particulière n'est pas à démontrer. Comme les agriculteurs, les viticulteurs ont souvent à déplorer des sécheresses extrêmes qui arrêtent le développement de la vigne et réduisent le rendement du raisin ; ils trouveraient donc, dans les réservoirs que je préconise, un moyen de régulariser les vignobles menacés du phylloxera. J'espère qu'ils me savent gré de mes bonnes intentions à leur égard.

Mesdames et Messieurs, je me suis efforcé de vous faire comprendre quel grand rôle joue l'eau dans la végétation et aussi combien il serait facile de fournir à l'agriculture toute la quantité de ce précieux liquide qui lui est indispensable.

Maintenant que le remède de la crise agricole est connu, il reste à former des Sociétés qui exploitent industriellement les réservoirs et les appareils élévatoires ; les capitaux qui seront affectés à cette œuvre de relèvement ne courront pas les risques inhérents à la plupart des placements financiers ; de plus, ils contribueront d'une manière efficace à la prospérité de la patrie. C'est plus qu'il n'en faut pour justifier leur direction dans la voie nouvelle que je viens d'indiquer.

En terminant cette conférence, je ne peux m'empêcher de penser à notre belle colonie d'Algérie, où le soleil ardent produit de si belles récoltes quand il coopère avec l'eau, mais où aussi il met à mal toute récolte quand il n'est pas secondé par sa bienfaisante coopératrice.

C'est là surtout que nous saisissons sur le vif la vérité des idées que je viens de développer sur le rôle de l'eau. Avec ce liquide, qu'il ne sait pas malheureusement emmagasiner, le colon obtient des merveilles de son travail ; mais, sans ce même liquide, il se voit plongé dans la misère et devient la proie de l'usurier. Comme il en manque beaucoup plus souvent qu'il n'en dispose à son gré, il reste définitivement accablé sous le poids de ses vicissitudes.

C'est donc l'Algérie qui aurait un besoin pressant de réservoirs et de machines élévatoires. Il importe de les lui donner au plus tôt, pour en faire un véritable grenier d'abondance à l'usage de la métropole.

CRISE MONÉTAIRE

Je n'ai eu pour objectif, dans cette Conférence, que les points par lesquels l'eau contribue, en raison de sa rareté ou de sa disette, à la crise agricole. Je me suis imposé de laisser de côté d'autres points, intéressants pourtant, dont l'action, quoique indirecte sur la même crise, n'en est pas moins des plus significatives.

Mais je me reprocherais de ne pas dire au moins quelques mots sur la crise monétaire, qui se répercute lourdement sur la crise agricole.

Tout récemment, à la Société Nationale d'encouragement à l'agriculture, un homme, dont tout le monde reconnaît la haute compétence, M. Fougeirol, député de l'Ardèche, a résumé fort clairement les origines et les conséquences de cette crise monétaire, qui trouverait son remède dans un retour de toutes les nations monométallistes au régime bimétalliste. Malheureusement, il est plus que certain que l'Allemagne et l'Angleterre se refuseront à adopter cette mesure, et annuleront ainsi toutes les dispositions que pourront prendre les autres États.

En attendant, notre agriculture et notre industrie produisent à perte et font craindre de véritables catastrophes.

Pendant que les têtes s'échauffent ainsi au sujet de la valeur relative à attribuer à l'or et à l'argent, on oublie trop que, dès 1853, j'ai indiqué un moyen, qui m'est tout à fait personnel, de mettre d'accord les monométallistes et les bimétallistes, en conférant, aux seules productions agricoles et industrielles, une nouvelle et réelle valeur.

Dès cette époque, en effet, j'ai soumis à l'Académie des Sciences les résultats de mes expériences antérieures ; je lui ai prouvé, par des faits indéniables, que le cuivre et l'argent peuvent, dans certaines conditions, se transformer en or, et j'ai demandé qu'on m'aidât à poursuivre des expériences ayant pour but de faire industriellement ce que je n'avais fait qu'en petit dans le laboratoire. J'ai eu beau montrer l'or que j'avais obtenu par le procédé indiqué, mais je n'ai jamais pu parvenir, je ne dirai pas à convaincre les savants, mais à les déterminer à faire sur mon or les expériences voulues. L'Académie des sciences s'est contentée de se déclarer incompétente : il ne lui en coûtait pas beaucoup pourtant de vérifier un fait palpable.

Pourquoi les autres corps savants auxquels je me suis adressé, n'ont-ils pas accordé à mes réclamations l'importance qu'elles méritaient? Pourquoi n'ont-ils pas voulu faire la lumière sur ma découverte? Est-ce à cause des troubles que mes procédés auraient apportés dans la valeur des métaux précieux? Mais ces troubles n'auraient été que momentanés, et l'équilibre, qui n'aurait pas tardé à se rétablir, aurait été tout à fait à l'avantage de notre nation, initiatrice de ce nouveau progrès. Mieux aurait valu cette solution définitive, que toute autre qui pourra intervenir et qui n'aura que des résultats temporaires et restreints.

Il nous importe donc de continuer mes expériences, interrompues faute de ressources ; la prudence, le patriotisme même, nous font un devoir de prévenir les autres nations, dont les travaux sur les microbes minéraux confirment mes hypothèses et en préparent la réalisation. Hâtons-nous, pour n'être pas devancés, et par conséquent ruinés, par d'autres plus prévoyants que nous.

T. TIFFEREAU.

PARIS. IMP. QUELQUEJEU, RUE GÉRBERT, 10.

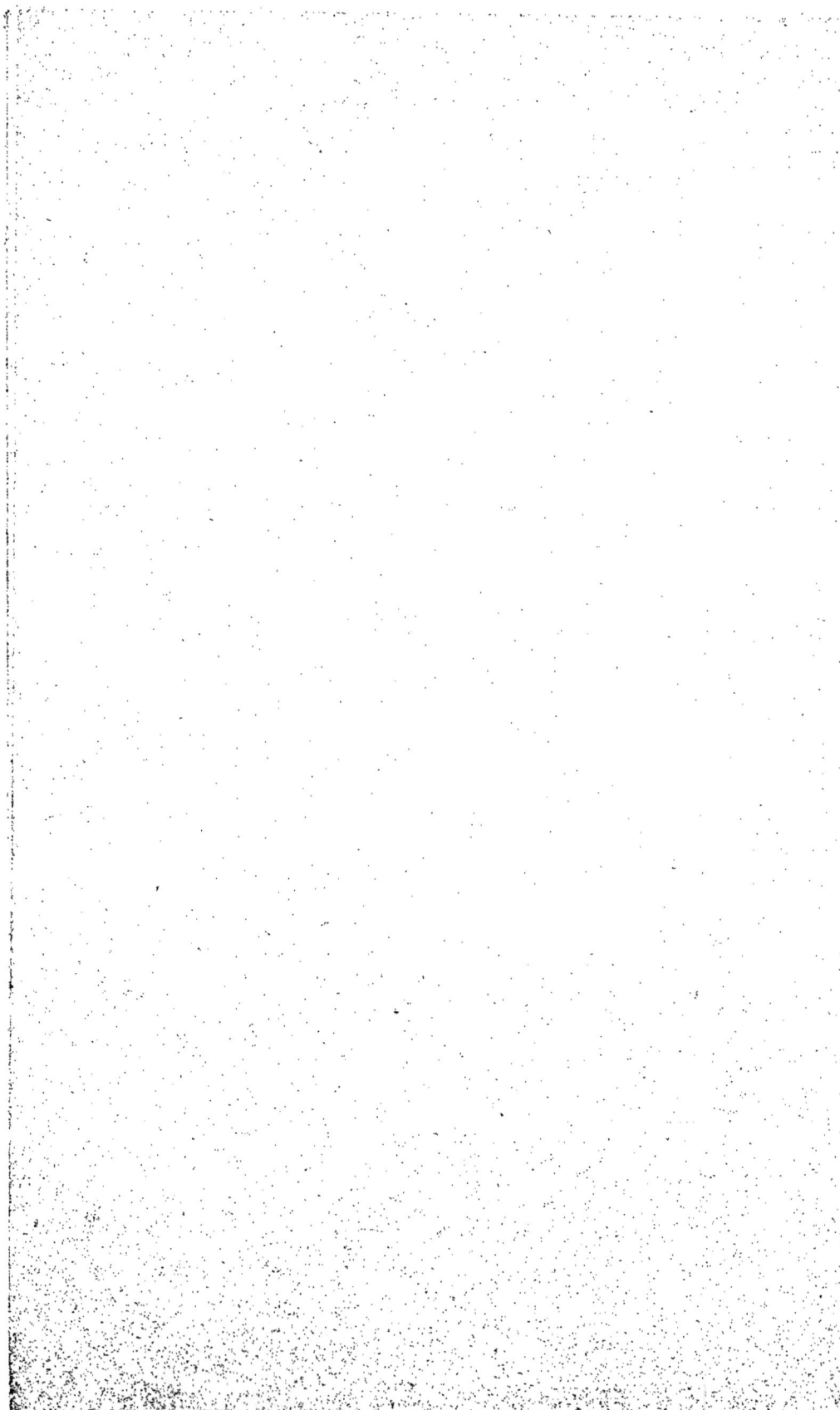

OUVRAGES DU MÊME AUTEUR

Chez l'Auteur :

130, rue du Théâtre, Paris-Grenelle.

www.ingramcontent.com/pod-product-compliance
Lightning Source LLC
Chambersburg PA
CBHW070712210326
41520CB00016B/4313